庆祝中国共产党成立100周年
The 100th Anniversary of the Founding of
The Communist Party of China

百年科技成就辉煌

江西理工大学VR馆纪实

VR

杨斌 著

U0207416

1921年到2021年
风风雨雨、沧桑巨变的一百年中
在中国共产党的坚强领导下
广大党员无私奉献
人民群众不怕牺牲
科技工作者们勤奋耕耘
以实现中华民族伟大复兴的中国梦

VR科技数字馆以时间为轴
将百年科技成就分为四个历史发展阶段
即1921年至1949年"开天辟地"阶段
1949年至1978年"改天换地"阶段
1978年至2012年"翻天覆地"阶段
2012年至今进入"新时代"
我国科技事业进入自主创新、构建人类命运共同体阶段

沈阳出版发行集团
沈阳出版社

图书在版编目（CIP）数据

百年科技成就辉煌：江西理工大学 VR 馆纪实 / 杨斌
著 . -- 沈阳 : 沈阳出版社 , 2022.6
　　ISBN 978-7-5716-2551-1

　　Ⅰ . ①百… Ⅱ . ①杨… Ⅲ . ①数字技术 – 科技发展 –
历史 – 中国 Ⅳ . ① TP3

中国版本图书馆 CIP 数据核字 (2022) 第 113806 号

出版发行：沈阳出版发行集团 ｜ 沈阳出版社
　　　　　（地址：沈阳市沈河区南翰林路 10 号　邮编：110011）
网　　址：http://www.sycbs.com
印　　刷：三河市华晨印务有限公司
幅面尺寸：210mm × 285mm
印　　张：9.25
字　　数：245 千字
出版时间：2022 年 6 月第 1 版
印刷时间：2022 年 6 月第 1 次印刷
责任编辑：周　阳
封面设计：优盛文化
版式设计：优盛文化
责任校对：李　赫
责任监印：杨　旭

书　　号：ISBN 978-7-5716-2551-1
定　　价：98.00 元

联系电话：024-24112447
E - mail：sy24112447@163.com

序

　　伟大的中国共产党从诞生到现在，历经百年光辉。这百年历史，是中国共产党不断发展壮大、历经磨难、斗志弥坚的历程；是广大人民坚持真理、坚守理想，践行初心、担当使命、不怕牺牲、英勇斗争的历程；是中华民族从站起来、富起来到强起来的伟大飞跃的历程。

　　本书内容为虚拟现实技术应用与红色文化相结合的完整项目呈现，系江西理工大学软件工程学院虚拟现实团队围绕建党百年科技发展而策划与开发制作的一个虚拟展示项目，项目主题为：建党百年科技成就VR馆。本项目以时间及科技发展相关事件为逻辑线，以环绕形空间结构布局为展示游线，在设计与构建虚拟展馆的基础上，以图形图像、音频、视频等多种形式梳理并展示了"开天辟地（1921年7月至1949年10月）""改天换地（1949年10月至1978年12月）""翻天覆地（1978年12月至2012年10月）"以及"新时代（2012年11月至今）"四个时期的主要科技政策、科技发展以及科技事件，并通过典型人物及故事的挖掘，弘扬了自力更生、艰苦奋斗的苏区红色精神以及艰苦创业、独立自主的"两弹一星"精神；通过广大人民生活、交通、通讯等不同层面的发展概况，展示了科学技术为人民群众生活带来的深刻影响；通过"问鼎苍穹""叩启地球""深海遨游"等不同维度科技成就的展示，弘扬了上天、入地、下海的探索精神。在内容编排上，本项目从全新的科技发展与应用的角度梳理建党百年史；在内容表达上，则将科技发展与生活的密切关系展现出来，深入浅出，不论童叟，都能在项目体验中了解到百年科技发展的艰辛历程以及新时代科技发展的伟大成就，并从中感受到中国共产党的正确领导、广大党员的不怕牺牲以及中华儿女的无私奉献，进一步坚定中华民族伟大复兴的中国梦必定实现的目标。

大江流日夜，慷慨歌未央。本项目展示不仅系团队借建党百年之际，结合自身专业为党献礼，更是寄希望于将苏区精神、红色精神借由新型展示与交互技术更广泛、更深入地传播和发扬。在整个项目策划与设计制作过程中，许多党员领导、同志、同学参与研讨、沟通及定案。在此，特别感谢黄学雨同志对整个项目的宏观设计指导与典型展示内容的挖掘与把控；感谢刘传立同志、兰新华同志对内容细节的审定与展示形式的宝贵意见及建议；感谢皮春花同志、武绍杰同志带领学生团队对项目所涉资料的全面搜集、整理与精炼；感谢周若璇同志、柴政同志、李渤同志及 学生团队对场馆模型进行合理有序的设计与搭建；感谢程金霞同志、朱贤凌同志及学生团队对整个场馆进行创意精美的版式设计与制作；感谢周翔同志、刘秋明同志及学生团队对项目所涉内容的合理展示与自然交互设计与实现。

当然，本项目在设计开发与制作过程中，限于团队技术水平、审美差异、分析与整理能力等各方面的不足，势必存在一定的疏漏与不当之处，敬请读者批评指正。

杨斌

2021年6月

目 录

百年光辉

开天辟地
5-22

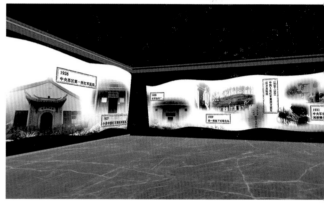

展示了我国8项工业发展成果，重点展示中国共产党在武器制造、红军医疗、有色冶金等方面的科技成就，弘扬自力更生、艰苦奋斗的红色精神。

改天换地 23-64

翻天覆地 65-96

时代新 97-140

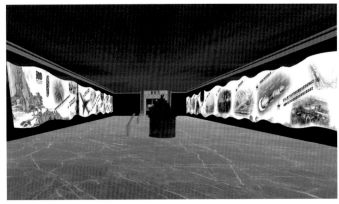

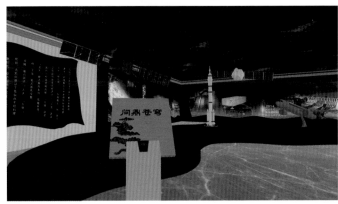

展示了我国22项科技成就，重点展示科技政策、"两弹一星"成就，通过23位"两弹一星"元勋的事迹，体现党员的带头作用，弘扬艰苦创业、独立自主的"两弹一星"精神。

展示了我国30项科技成就，重点展示科技发展对人民群众粮食、交通、通信等方面带来的深刻影响。实践证明：科学技术是第一生产力。

展示了我国40项科技成就，弘扬上天、入地、下海的不懈探索精神。

建党百年科技成就VR馆，集成了三维全景、三维建模、仿真引擎等高科技技术，回顾了从建党初期至今党在科技成就方面的伟大征程，全面涵盖每一次重大事项、每一次伟大变革、每一次共产党人的新征程，场馆主要包含四个展厅，分别为，**第一阶段**：开天辟地（1921年7月至1949年10月），弘扬的是自力更生、艰苦奋斗的苏区红色精神；**第二阶段**：改天换地（1949年10月至1978年12月），弘扬的是艰苦创业、独立自主的"两弹一星"精神；**第三阶段**：翻天覆地（1978年12月至2012年10月），分别从生活、交通、通讯等角度展示百年来科技发展对人民群众生活带来的深刻影响；**第四阶段**：新时代（2012年11月至今），弘扬的是上天、入地、下海的探索精神，展示了我国40项科技成就。

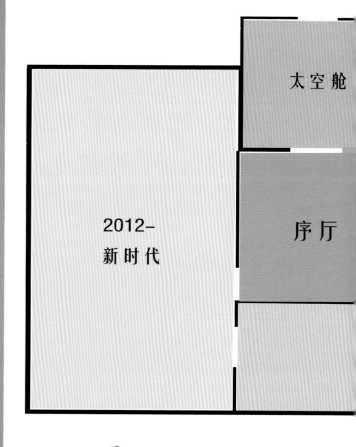

太空舱

2012-
新时代

序厅

展馆总平

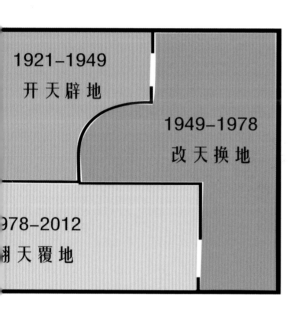

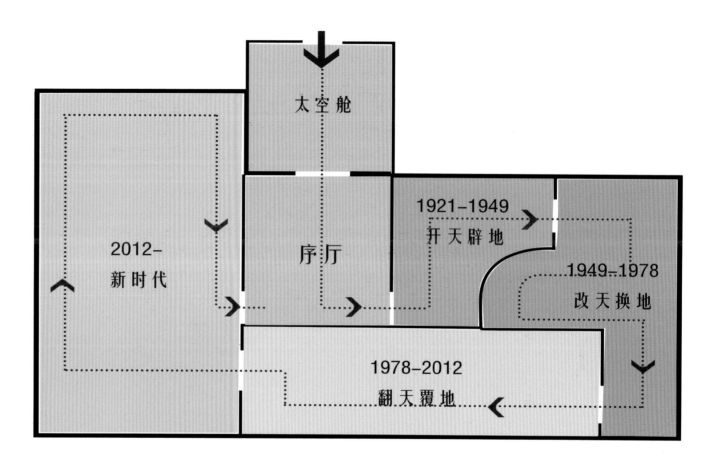

展馆参观路线图

开天
辟地

1921年7月至1949年10月

中国共产党事业发展的第一阶段，即新民主主义革命时期，也是"开天辟地"时期。

本展区展示了我国8项工业发展成果，主要科技成就是军工、医疗、冶金三个方面，重点展示中国共产党在武器发明、红军医疗、有色冶金等方面的科技成就，弘扬自力更生、艰苦奋斗的红色精神。

小井

1927年10月，毛泽东率工
山进军途中，在原宁冈县茅坪
易的后方医院。

1928年10月，湘赣边界党的第
定："建设较好的红军医院。"红
平时发的伙食尾子募捐出来，军民
地取材。

中国红军第四军医院

命军向井冈
立了一所简

1928年，毛泽东、朱德两支部队在井冈山胜利会师后，5月，在井冈山的大小五井，建立了取名叫"红军医院"的后方医院。

代表大会决
兵们纷纷将
己动手，就

1928年冬，在小井建成了这所杉木皮盖的屋面、全木质结构、上下两层共32间的红军住院部，取名为"红光医院"。

院分四个管理组

中井村 (一个)

红军造币厂

1 创办背景

2 敌军破坏

3 修复遗址

1928年5月，在王佐的建议和推荐下，红军军部将军民们打土豪和战场上缴获的大量的首饰和银器具等，运用谢氏花边厂的铸造技术，请谢火龙、谢官龙等谢氏兄弟为师傅，在井冈山上的上井村，借用农民邹甲贵的民房，创办了井冈山红军造币厂。

1929年1月底，湘赣两省敌军调集十八个团的兵力，分五路第三次"会剿"井冈山。上井红军造币厂厂房被敌人全部烧毁，造币设备也被敌人破坏。因而，这个红军造币厂实际只存在了半年多时间，就由井冈山的失守而结束。

1998年12月，在这个造币厂的原址上，当地人按原貌修复这个红军造币厂时，还曾出土当年造币时使用过的一些工具、原料以及银元等大量物品，成为研究红军造币厂的珍贵历史资料。

中[

1　1927年底 》》

2　1928年6月 》》

3　1929年秋 》》

共产党第一座地下无线电台

在中共中央军事部部长周恩来的倡议和领导下，党组织决定选派李强、张沈川学习无线电通信技术。

中国共产党六大前后，全国各地不断爆发武装起义，革命根据地和红军不断扩大，苏维埃政权相继建立，革命形势有了新的发展。依靠地下交通进行联系的办法已不适应革命形势发展的需要，中共中央迫切需要建立地下无线电台，以密切同各地党组织和各革命根据地的联系，加强对整个革命运动的领导和指挥。

中共在上海建立起党的第一座地下无线电台。

1930年秋	中共鄂豫皖边区特委和红一军在现
1931年11月	红四方面军成立，即改名为"中国
1932年秋	总医院楼房被烧毁
新中国成立后	在旧址上兴建了箭厂河卫生院
1976年	新县县政府在旧址前树立了纪念碑
1977年	公布为新县重点革命旧址

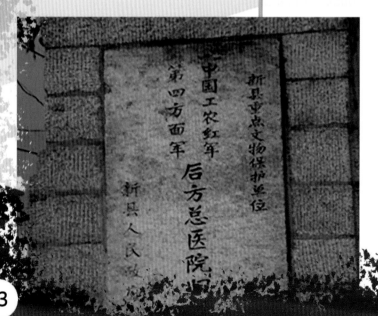

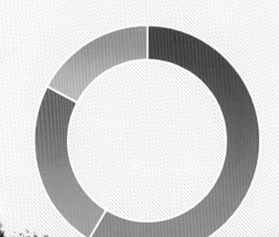

中国工农红军第四方面军后方医院分布

- 总医院
- 中医院
- 红色医务训练班

军后方总医院

箭厂河乡街道兴建红军后方总医院

红军第四方面军后方总医院"

以总医院为主，附属一个中医院，一个红色医务训练班

根据地内还分设6个分院和皖西北中心医院 》

根据地内分布

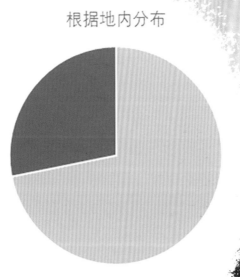

■6个分院 ■皖西北中心医院

闽浙赣省兵工厂

| 1930年1月 | 闽浙赣省兵工厂正式成立。 |

| 1931年5月 | 迁至江西省德兴洋源村。 |

中国共产党在条件极其艰苦的情况下，自己制造了较早的一批弹药。

★★★★★

1931年9月，中央红军3万多人粉碎了蒋介石30万兵力的第三次"围剿"，缴获大量枪支，但这些枪支中有许多零件不全、无法使用。

1931年10月，红四军军需处处长、时任军委总供给部财政处处长的吴汉杰带领几十个人，来到官田村，开始创办中央红军官田兵工厂。

2

3

4

官田兵工厂

红军弹药厂　　红军杂械厂　　枪炮厂

主要装枪制手也尾产和负生责和弹造榴雷，马弹复地和

主要责打刀器负制和杂要刺铁件

由炮为厂原科枪枪改炮炮厂

1933年4月第四次反"围剿"胜利后，根据地进一步巩固和扩大，官田兵工厂奉命组建成三个分厂。

同时
第三次反
闽西地区
和根据军需
红军需要
命所规模重的
军和修
在事修较
大在这

因为中央红军取得了
围剿"的胜利，赣南
连成一片，中央革命
步巩固和发展，中央
武装发展很快，迫切
支和弹药。

新的形势下，中央革
会决定，在原有修械
的基础上，组建一个
兵工厂，担负日益繁
弹药生产任务。

福音医院坐落于长
1908年落成。该建筑为
音医院，由傅连暲负责

1927年9月，福音医
来、朱德、贺龙、叶挺
长汀，医院热情为起义

1929年3月，毛泽东、朱德率领红四军解放了汀州城。福音医院为红四军医治伤病员，并为全军将士接种牛痘。该院成为赣南、闽西第一个红军医院。

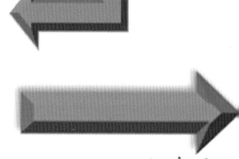

医院 ——————

城北卧龙山下，1904年始建,至
合璧式建筑，1926年改名为福

为南昌起义军医治伤病员，周恩
伯承等率八一南昌起义部队路经
务，接收了300多位伤员。

1932年9月，毛泽东到福音医院休养，他非常
关心医院的发展并与傅连暲结为挚友。在毛泽东的
建议下，1933年3月，傅连暲等把医院搬到瑞金,正
式命名为中央红色医院。

黄崖洞兵工厂

1939年7月，日寇侵入榆社，八路军总部设立在韩庄的械所受到威胁。为了目标，创建稳固的军工基地，八路军总部命韩庄械所移到黄崖洞。设在榆社村的总部总参谋长左权奉朱德副总司令和八路军总部兵工部部长韩长之县修械所隐蔽长期生产军械而产军工路工兵修械所保存力量建军工部的设立稳固基地，八路军总部兵工部设在榆社村的总部移到黄崖洞。

1939年

1938年时，有10余部钻床和一台三年黄崖洞兵工40多部。其中车、刨、钻、冲床20多部，10一台，能供部轴皮带转动。

所在地

主要遗存

始建年代

山西省黎城县东崖底镇下赤裕村。

机工房、锅炉房、装配车间、图书馆等建筑（复原），车床等生产设备。

社韩庄迁来床、刨床、炉。到1939机器、设备汽机一台，刀、削等机直流发电机明，采用无

兵工在领用津贴方面，干部以职务分工，工人技术高低不同，略有差距，最多每月收入小米25.5公斤，最低的收入13.5公斤，学徒4.5公斤。

兵工人员

军工劳动分配

黄崖洞兵工厂到全盛时全厂达到2000多人，设有部，下设3个行政科，分是总务科、器材科、工务，三个科共有管理人员38；四个部——车工部、钳一部、钳工二部、锻工部。

1952
成渝铁路通车

1957
武汉长江大桥建成通车
第一辆国产三轮汽车诞生

改天换地

1921 2021

1949-1978

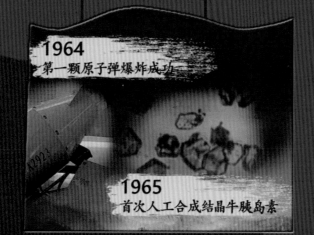

1964
第一颗原子弹爆炸成功

1965
首次人工合成结晶牛胰岛素

1966
首次发射导弹核武器试验成功
第一批红旗高级轿车出厂

1958
北京牌电视机诞生
江西冶金学院应时而生
通用数字电子计算机诞生

1960
第一颗中近程导弹

1962
新中国第一台万吨水压机

　　1949年10月至1978年12月，是中国共产党事业发展的第二阶段，即社会主义革命和建设时期，也是"改天换地"时期。这期间展示了我国22项科技成就，重点展示科技政策、"两弹一星"成就，通过23位"两弹一星"元勋的事迹体现了党员带头的作用，弘扬艰苦创业、独立自主的"两弹一星"精神。

1968
中国首艘自行设计建造的万吨级远洋船——"东风号"

067
一颗氢弹爆炸成功

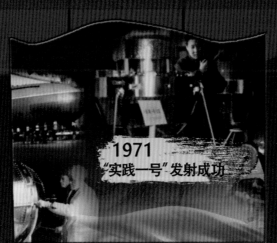

1971
"实践一号"发射成功

1976
中国第一根石英光纤

　　这一部分主要介绍了新中国第一个长期科技发展规划《1956—1967年科学技术发展远景规划纲要》、1978年3月18日中共中央在北京人民大会堂召开的全国科学大会、1995年5月6日中共中央、国务院作出《关于加速科学技术进步的决定》、2006年1月26日中共中央、国务院《关于实施科技规划纲要增强自主创新能力的决定》、2016年5月19日中共中央、国务院发布的《国家创新驱动发展战略纲要》共五项重要科技政策。

科学技术
从来没有像今天这样
深刻影响着
国家前途命运
从来没有像今天这样
深刻影响着
人民生活福祉

1956年，第一个长期科技发展规划《1956-1967年科学技术发展远景规划纲要》发布，提出了"重点发展，迎头赶上"的方针。

《规划》从13个方面提出57项重大科学技术任务、616个中心问题，并从中综合提出12个重点任务。

它的实施成功地解决和国防建设中迫切需要解一星"为标志的一系列重成果，对中国科研机构的调整，科技队伍的培养方法，以及中国现行科技体

二、第三个五年计划中国家经济
一批科技问题，产生了以"两弹
果，创造了中国科学技术史辉煌的
和布局，高等院校学科及专业的
使用方式，科技管理的体系和方
形成，起到了决定性的基础作用。

毛泽东专门批示：
要大力协作，做好这项工作。

**1978年3月18日中共中央
在北京人民大会堂召开全国
科学大会；**

在有6000人参加的开幕式
上中共中央副主席、国务院副
总理邓小平发表重要讲话。

邓小平指出，四个现代化
的关键是科学技术的现代化，
并着重阐述了"科学技术是生
产力"这个马克思主义观点；
邓小平同志提出的"科学技术
是生产力"的著名论断，对国
家长远发展具有十分重要的意
义，成为改革开放以来我们党
一以贯之的基本思想。

1995年5月6日，中共中央、国务院《关于加速科学技术进步的决定》发布。

决定指出，为加速国民经济增长从外延型向效益型的战略转变，切实把经济建设转移到依靠科技进步和提高劳动者素质的轨道上来，决定实施科教兴国的战略。

1988年，邓小平同志重申并进一步发展提出"科学技术是第一生产力"，指明科学技术在生产力中处于第一重要、具有决定性意义的地位。

2006年1月26日，中共中央、国务院《关于实施科技规划纲要增强自主创新能力的决定》发布。

其主旨是"全面落实科学发展观，组织实施《国家中长期科学和技术发展规划纲要（2006—2020年）》，增强自主创新能力，努力建设创新型国家"。

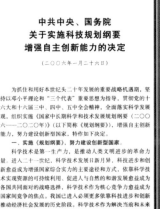

中共中央、国务院
关于实施科技规划纲要
增强自主创新能力的决定

（二〇〇六年一月二十六日）

为抓住和用好本世纪头二十年发展的重要战略机遇期，坚持以邓小平理论和"三个代表"重要思想为指导，贯彻党的十六大和十六届三中、四中、五中全会精神，全面落实科学发展观，组织实施《国家中长期科学和技术发展规划纲要（二〇〇六—二〇二〇年）》（以下简称《规划纲要》），增强自主创新能力，努力建设创新型国家，特作如下决定。

一、实施《规划纲要》，努力建设创新型国家

科学技术是第一生产力，是推动人类文明进步的革命力量。进入二十一世纪，科学技术发展日新月异，科技进步和创新愈益成为增强国家综合实力的主要途径和方式，依靠科学技术实现资源的可持续利用、促进人与自然的和谐发展愈益成为各国共同面对的战略选择，科学技术作为核心竞争力愈益成为国家间竞争的焦点。我国已进入必须更多依靠科技进步和创新推动经济社会发展的历史阶段，科学技术作为解决当前和未来发展重大问题的根本手段，作为发展先进生产力、发展先进文化和实现最广大人民群众根本利益的内在动力，其重要性和紧迫性愈益凸显。按照党的十六大要求，国务院在充分调查研究

2016年5月19日，中共中央、国务院发布《国家创新驱动发展战略纲要》。

为中国科技创新未来发展提供了顶层设计和系统谋划，明确了到2050年中国创新驱动发展的目标、方向和重点任务，是新时期科技政策的纲领性文件。

《纲要》提出，强化原始创新，增强源头供给。加强面向国家战略需求的基础前沿和高技术研究。

1960年11月5日，"东风一号"地对地导弹发射成功，标志着中国向掌握导弹技术方面迈出了突破性的一步。

1964年10月16日，我国成功爆炸第一颗原子弹，"东方巨响"震惊了世界。

1967年6月17日，中国成功爆炸了第一颗氢弹。

1970年4月24日，"东方红一号"卫星发射成功。

我们要学习以"热爱祖国、无私奉献、自力更生、艰苦奋斗、大力协同、勇于攀登"为主要内涵的"两弹一星"精神。

两弹一星

"东风一号"地对地导弹

　　1960年11月5日，"东风一号"发射成功，标志着中国向掌握导弹技术方面迈出了突破性的一步。

中国第一颗原子弹

　　1964年10月16日下午3时，一声巨响响彻西北戈壁，万米高的蘑菇云腾空升起，中国第一颗原子弹爆炸成功，自此中国跨进了核大国行列，令全世界刮目相看。

1967年6月17日，中国自行设计、制造的第一颗氢弹在中国西部地区上空试爆成功，其爆炸威力，相当于美国当年投到日本广岛那颗原子弹的150多倍。震惊世界的蘑菇云异常炫目耀眼。氢弹的爆炸成功，是中国核武器发展的又一个飞跃，标志着中国核武器的发展进入了一个新的阶段。

中国

我们伟大领袖毛主席在一九五八年六月就指出：搞一点原子弹、氢弹、洲际导弹，我看有十年功夫是完全可能的。

第一颗氢弹的研发与爆炸

，苏联撕毁协议，撤走专家；

月16日，从事氢弹理论先期探索的队

国科学院理论部，和那里的科技队伍

成强有力的科研攻关劲旅；

月，氢弹理论终于得以突破；

月28日，氢弹原理试验成功；

月17日上午7时，进行氢弹空投试验；

月17日上午8时20分，我国第一颗氢弹

成功。

两弹一星

"东方红一号"

  1970年4月24日，中国酒泉，中国第一颗人造地球卫星"东方红一号"卫星代表中国人飞向太空，实现了泱泱中华对茫茫宇宙的第一次叩击，也为中国航天事业的发展，成功闯出了一片属于自己的天空。

事件经过

▶ 1957年底，中科院钱学森、裴丽生、赵九章等几位著名科学家在一次科研会议上明确提出：我们要研制中国的人造地球卫星。

▶ 1960年9月10日，中国第一次在自己的本土上，用国产燃料，成功发射了一枚弹道导弹。

▶ 1967年1月，国防科委正式确定：我国第一颗人造卫星要播放《东方红》乐曲，让全世界都听得到中国卫星在太空发出的声音。

▶ 1970年4月16日深夜，周恩来亲自电话通知国防科委：中央同意发射卫星的安排，批准卫星、运载火箭转往发射基地。

王淦昌

（1907年5月28日——
1998年12月10日）

江苏常熟人，中共党员、九三学社社员。核物理学家、中国核科学的奠基人和开拓者之一、中国科学院院士、"两弹一星"功勋奖章获得者。

赵九章

（1907年10月15日——
1968年10月26日）

浙江吴兴人，大气科学家、地球物理学家、空间物理学家，中国动力气象学的创始人，中国人造卫星事业的倡导者和奠基人之一，中国现代地球物理科学的开拓者，1999年9月被追授"两弹一星"功勋奖章。

郭永怀

（1909年4月4日——
1968年12月5日）

山东荣成人，著名力学家、应用数学家、空气动力学家，中国科学院学部委员（即中国科学院院士），近代力学事业的奠基人之一，1999年被国家追授"两弹一星"功勋奖章。

钱学森

（1911年12月11日——
2009年10月31日）

出生于上海，籍贯浙江省杭州市，空气动力学家、系统科学家、工程控制论创始人之一，中国科学院学部委员、中国工程院院士，"两弹一星"功勋奖章获得者。

钱三强

（1913年10月16日——
1992年6月28日）

出生于浙江绍兴，原籍浙江湖州，核物理学家，中国原子能科学事业的创始人，中国科学院学部委员，1999年被追授"两弹一星"功勋奖章。

王大珩

（1915年2月26日——
2011年7月21日）

生于日本东京，原籍江苏苏州，光学专家，我国光学界公认的学术奠基人、开拓者和组织领导者。第三、四、五、六届全国人民代表大会代表，第三、七届全国政协委员。中国科学院院士，中国工程院院士。1999年荣获"两弹一星"功勋奖章。

彭桓武

（1915年10月6日——
2007年2月28日）

生于吉林长春，物理学家，爱尔兰皇家科学院院士，中国科学院院士，曾获得国家自然科学奖一等奖等奖项，1999年被授予"两弹一星"功勋奖章。

任新民

（1915年12月5日——
2017年2月12日）

祖籍湖北襄阳，出生于安徽宁国，航天技术与液体火箭发动机技术专家，中国导弹与航天技术的重要开拓者之一，"中国航天四老"之一。曾获国家科学技术进步特等奖2项、求是杰出科学家奖、中国载人航天工作突出贡献者功勋奖章、"两弹一星"功勋奖章等。

陈芳允

（1916年4月3日——
2000年4月29日）

浙江台州黄岩人，九三学社社员，无线电电子学家，中国卫星测量、控制技术的奠基人之一，"两弹一星"功勋奖章获得者，中国科学院院士，中国科学技术大学和国防科技大学教授1985年获国家科技进步特等奖，1988年获国防科技进步一等奖。

黄纬禄

（1916年12月18日——
2011年11月23日）

祖籍湖北襄阳，出生于安徽芜湖，中国著名火箭与导弹控制技术专家和航天事业的奠基人之一，"两弹一星"功勋奖章获得者，国际宇航科学院院士。中国首枚潜地导弹总设计师，中国第一艘核潜艇副总设计师，知名导弹专家。

屠守锷

（1917年12月5日——
2012年12月15日）

祖籍湖北襄阳，出生于浙江省湖州市人，火箭总体设计专家，与任新民、黄纬禄、梁守槃一起尊称为"中国航天四老"，1991年当选为中国科学院院士、学部委员。1999年获"两弹一星"功勋奖章。

吴自良

（1917年12月25日———
2008年5月24日）

浙江浦江人，材料科学家，中国科学院院士，"两弹一星"功勋奖章获得者，1948年获美国匹兹堡卡内基理工大学博士学位；1980年当选为中国科学院院士。

钱骥

（1917年12月27日———
1983年08月18日）

出生于江苏金坛。中共党员，空间技术和空间物理专家，中国空间技术的开拓者，中国地球物理学科的主要创业者。1964年获国家自然科学奖二等奖，1985年获国家科学技术进步奖特等奖。1999年获"两弹一星"功勋奖章。

程开甲

（1918年8月3日———
2018年11月17日）

出生于江苏吴江，中共党员、九三学社社员。中国科学院院士，著名理论物理学家、"两弹一星"功勋奖章获得者。

杨嘉墀

（1919年7月16日——
2006年6月11日）

江苏吴江人，空间自动控制学家，航天技术和自动控制专家，仪器仪表与自动化检测学科、中国自动化学会和中国仪器仪表学会的创建人之一，"两弹一星"功勋奖章获得者。

王希季

（1921年7月26日——）

出生于云南昆明，毕业于弗吉尼亚理工学院，中国科学院院士，中国卫星与返回技术专家，曾获何梁何利基金科学与技术进步奖、"两弹一星"功勋奖章。

姚桐斌

（1922年9月3日——
1968年6月8日）

江苏省无锡市人，冶金学、航天材料专家、火箭材料及工艺技术专家，1999年被追授"两弹一星"功勋奖章。

陈能宽

（1923年4月28日——
2016年5月27日）

出生于湖南慈利，材料科学与工程专家、核武器科学家、爆轰物理专家、金属物理专家。"两弹一星"功勋奖章获得者。

邓稼先

（1924年6月25日——
1986年7月29日）

安徽怀宁人，中国杰出科学家。先后毕业于西南联合大学和美国普渡大学，获物理学博士学位。1999年中共中央、国务院、中央军委追授"两弹一星"功勋奖章。

朱光亚

（1924年12月25日——
2011年2月26日）

湖北武汉人，毕业于美国密执安大学，核物理学家，中国两院院士，中国核科学技术的主要开拓者之一，曾获国家科技进步奖特等奖、"两弹一星"功勋奖章等荣誉。中国两弹之父，

于敏

（1926年8月16日——
2019年1月16日）

出生于河北宁河，核物理学家，中国科学院学部委员（院士），原中国工程物理研究院副院长，"共和国勋章"获得者。"两弹一星"功勋奖章获得者。

孙家栋

（1929年4月8日——）

辽宁瓦房店人，中科院院士，是中国探月工程总设计师，被称为"卫星之父"，他长期领导中国人造卫星事业，是"两弹一星"功勋奖章、国家最高科学技术奖、"共和国勋章"获得者。

周光召

（1929年5月15日——）

出生于湖南长沙，理论物理、粒子物理学家，中国科学院院士，"两弹一星"功勋奖章获得者，中国工程物理研究院研究员，中国科学技术协会名誉主席，第九届全国人大常委会副委员长，原中国科学院院长。

成渝铁路通车

1952年7月1日,新中国修建的第一条铁路——成渝铁路通车。

新中国成立后,党和政府决定在极其艰难的条件下兴建成渝铁路。

1950年6月,成渝铁路全线开工。1952年6月全线竣工,西南人民近半个世纪的梦想终于成为现实。1952年7月1日,新中国修建的第一条铁路——成渝铁路通车。

成渝铁路是中国西南地区第一条铁路干线,是新中国成立后建成的第一条铁路,更是新中国成立前任何时代不可想象的奇迹,在中国铁路发展史上具有极其重要的意义。这是中国第一条完全自己设计、自己建造、材料零件全部为国产的铁路。

喷气式歼击机歼-5首飞成功

　　1956年7月19日,一架银白色的喷气式歼击机腾空而起,我国自主生产的第一代喷气式歼击机歼-5首飞成功。这也标志着中国成为了当时世界上少数几个能够掌握喷气技术的国家之一。歼-5的试制成功奠定了我国航空工业体系的基础。几十年间,中国的歼击机研发实现了从"跟踪发展"到"自主创新"的跨越式发展。

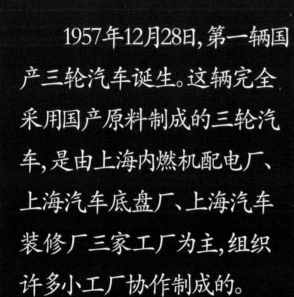

第一辆国产三轮汽车诞生

1957年12月28日，第一辆国产三轮汽车诞生。这辆完全采用国产原料制成的三轮汽车，是由上海内燃机配电厂、上海汽车底盘厂、上海汽车装修厂三家工厂为主，组织许多小工厂协作制成的。

武汉长江大桥建成通车

1957年10月,武汉长江大桥建成通车。武汉长江大桥是新中国成立后在长江上修建的第一座大桥,也是中国第一座铁路、公路两用长江大桥,被称为"万里长江第一桥"。建成之后,成为连接中国南北的大动脉,对促进南北经济的发展起到了重要的作用。

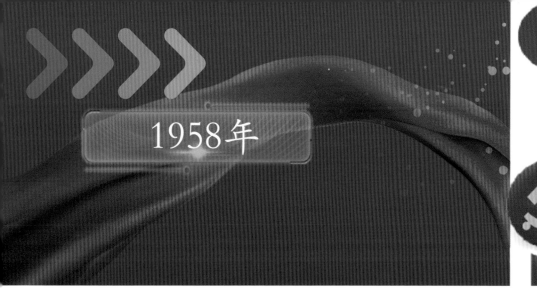

1958年

通用数字电子计算机诞生

电子计算机

北京牌电视机诞生

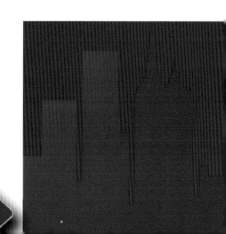

1958年初,研制小组根据当时的国情,制定了"采用国产电子管器件,一个电视接收和调频接收两用、控制旋钮设在前方"的电视机设计方案。1958年3月17日,中国第一台国产电视机——北京牌电视机诞生,电视机从此开始走进千家万户。

1958年8月1日,国产计算机103机完成了四[条]指令的运行,宣告中国人制造的第一部通[用]数字电子计算机的诞生。虽然起初该机的[运]算速度仅有每秒30次,但它也成为我国计[算]技术这门学科建立的标志。103机研制成[功]后一年多,104机问世,运算速度提升到每[秒]1万次。

江西冶金学院应时而生

1958年,在新中国火热的建设大潮中,在教育大发展的喜人形势下,为发展我国的有色金属和钢铁工业,开发利用赣南和整个江西的钨、铜、稀土等丰富的有色资源,江西冶金学院(今江西理工大学的前身)应时而生,应势而起。为新中国钨工业发展、离子型稀土产业从无到世界第一做了巨大贡献。

大庆油田

1959年9月26日，松基3号油井喷射出石油。时值国庆10周年，所以该油田以"大庆"命名。1960年，国家组织大庆石油会战，投入试验性开发。1963年底，大庆油田结束试验性开发，进入全面开发建设，先后开发了萨尔图、杏树岗和喇嘛甸三大主力油田，并勘探出了一批可开发的新油田。大庆油田的开发建设，甩掉了中国"贫油"的帽子。

 # 第一枚国产近程导弹"东风一号"

　　1960年11月5日,中国仿制的第一枚近程导弹"东风一号"发射成功。1962年3月初,中国自行设计的第一枚导弹运往酒泉发射场。3月21日,导弹发射失败,后经认真总结,找到了问题症结。1964年6月29日,修改设计后的导弹试验取得圆满成功。

弹道导弹

　　东风-2弹道导弹是中国人民解放军火箭军装备的一型陆基机动式中近程弹道导弹,是中国自行研制的第一种弹道导弹,也是中国第一型单级液体发动机弹道导弹。

　　东风-2弹道导弹由中国国防部五院(现中国运载火箭技术研究院)于1960年开始研制,1964年6月29日试飞成功,1968年服役,20世纪80年代初完全退出现役。

接种牛痘疫苗消灭了天花

1961年,中国通过接种牛痘疫苗消灭了天花。天花,是世界上传染性最强的疾病之一,是由天花病毒引起的烈性传染病,这种病毒繁殖快,能在空气中以惊人的速度传播。1977年以后,世界上再没有发生过天花。天花是感染痘病毒引起的,无药可治,患者痊愈后在脸上会留有麻子,"天花"由此得名。

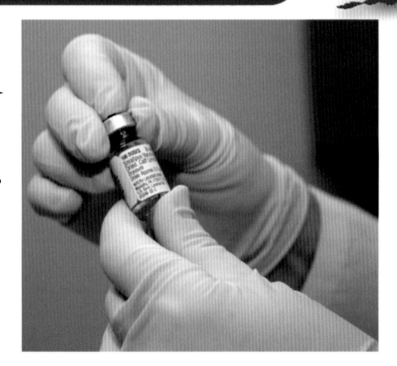

第一台万吨水压机

1962年,上海江南造船厂造出了新中国第一台万吨水压机,结束了中国不能制造大型锻件的历史。

1962年6月22日,是中国工业史上一个值得纪念的日子——我国自行设计制造的一万二千吨自由锻造水压机建成并正式投产了。上海市工业部门负责人,江南造船厂、重型机器厂和各协作厂家的代表聚集在现场。16.7米高的水压机像一个钢铁巨人,炉门缓缓升起,炽热的钢锭送进去,在巨大的压力下,顺利地完成了拔长、镦粗、切断等操作工序。全场掌声雷动,万吨水压机的神奇威力,参观者无不感到震撼。

第一颗原子弹爆炸成功

　　在中共中央统一领导下，经过一大批科技人员、干部和职工的共同努力，中国自行制造的第一颗原子弹于1964年10月16日在新疆罗布泊爆炸成功。

　　1955年，中央指定陈云、聂荣臻等负责筹建核工业。

　　1959年苏联撤走专家后，中国决心依靠自己的力量完成这一任务。

　　1962年，成立了以周恩来为首的专门领导机构。原子弹的爆炸成功，代表了中国科学技术的新水平，有力地打破了超级大国的核垄断和核讹诈，提高了中国的国际地位。中国成功爆炸第一颗原子弹，成为世界上第五个拥有核武装的国家。

首次人工合成结晶牛胰岛素　1965年

1962年，生化所组织近20人的精干专业队伍，继续胰岛素的B肽链合成和提高胰岛素拆合水平。同时，有机化学家、中科院有机化学研究所汪猷和北京大学邢其毅等带领专业队伍，也在坚持胰岛素的肽链合成工作。

经过数年攻关，1965年9月17日，科学家终于观察到人工全合成牛胰岛素的结晶，世界上第一次人工全合成了与天然胰岛素分子相同化学结构并具有完整生物活性的蛋白质。

就这样，这项由中科院生化所、中科院有机所和北京大学协作完成的工作，从1958年12月正式立项至1965年9月观察到结晶，前后历时近七年。该工作被誉为"前沿研究的典范"，并于1982年荣获国家自然科学奖一等奖。

首次发射导弹核武器试验成功

1966年10月27日,中国首次发射导弹核武器试验获得成功。导弹飞行正常,核弹头在预定的距离精确地命中目标,实现了核爆炸。这次试验成功,使中国有了实用型导弹核武器。这标志着我国科学技术和国防力量在快速地向前发展。中共中央、国务院和中央军委,向参加这次试验的解放军、科技人员和广大职工,致以热烈的祝贺。

第一批红旗高级轿车出厂

　　1958年,一汽生产出的中国第一辆国产小轿车:东风牌小轿车送到了中南海。但是,"东风轿车"属于家用型小轿车,空间太小,形也不适合公务使用,加之国庆10周年马上就要到来,于是,汽的工人们以一辆1955型的克莱斯勒高级轿车为蓝本,根据国的民族特色进行改进,在短短的一个月时间纯手工制成了一高级轿车,取名"红旗",型号CA-72。

　　从60年代开始,红旗车被规定为副部长以上首长专车和外事礼宾车,从那时起,坐红旗车也被许多际政要视为中国政府给予的最高礼遇。1966年,恰逢马年,20辆红旗三排座高级轿车像20匹骏马被送北京,周恩来总理、陈毅外长等国家领导人正式乘用。也就是从这一年开始,红旗车正式批量生产。

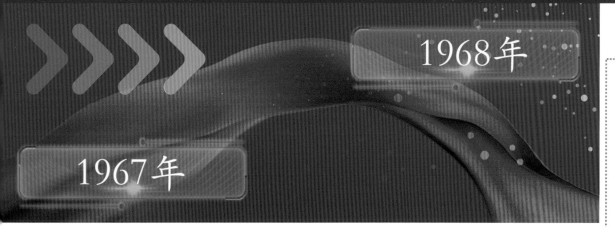

中国首艘自行设计建造

1968年1月8日,中国首艘自行设计建造的万□建成——"东风号"的成功,拉开了我国大批量□上大型船舶的帷幕。

1959年,"东风号"巨轮在上海动工,由江南□建造,是全国工人的大协作创造了这项中国船□程碑,这艘万吨级远洋货轮从投料到下水,共□多项重大的技术革新。下水当天,许多亲手制造□的工人们纷纷涌向码头,目送着东风号缓缓驶□风号"验收合格后开始远洋航行,每到一个港□们都要上船看一看来自祖国的亲人。在那个年□不仅代表了新中国一个巨大的成就,也成为中□富于创造力的象征。

第一颗氢弹爆炸成功

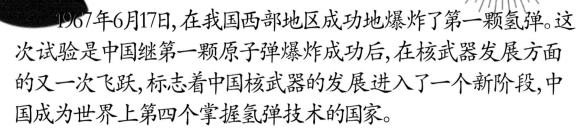

1967年6月17日,在我国西部地区成功地爆炸了第一颗氢弹。这次试验是中国继第一颗原子弹爆炸成功后,在核武器发展方面的又一次飞跃,标志着中国核武器的发展进入了一个新阶段,中国成为世界上第四个掌握氢弹技术的国家。

氢弹亦称"热核武器",它是一种利用氢元素原子核在高温下聚变反应于瞬间放出巨大能量并起杀伤破坏作用的武器,它主要由装料、引爆装置和外壳组成。

氢弹爆炸时,作为引爆装置的原子弹首先爆炸,产生数千万度高温,促使氘氚等轻核急剧聚变,放出巨大能量,形成更猛烈的爆炸。

在氢弹爆炸成功的同时,中国政府重申:"中国进行必要而有限制的核试验,发展核武器,完全是为了防御,其最终目的就是为了消灭核武器。""在任何时候,任何情况下,中国都不会首先使用核武器。"

万吨级远洋船——"东风号"

远洋船
万吨以

负责
的里
了三百
风号"
面。"东
外侨胞
东风号"
团结而

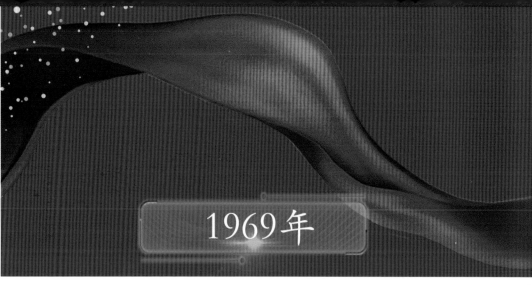

1969年

中国第一趟地铁——北京地铁一号线

1969年10月1日,首都北京开出了新中国第一趟地铁——北京地铁一号线。实行内部售票,接待参观群众。售票办法:凭单位介绍信在各车站购票,单程票价为1角,开始运行区段由北京站至古城路站。由于当时地铁建设的主导思想是"战备为主,兼顾交通",所以北京地铁在通车后没有对公众开放。1971年1月15日,1号线正式向公众运营。截至2021年12月31日,中国的地铁总里程超过7200公里,运营规模位居世界第一。

第一艘核潜艇成功下水

核潜艇以核反应堆作为动力装置,水下持续航行时间可以达到60~90天,是大国战略威慑力量的重要标志之一。

1970年,我国自主研制的第一艘核潜艇成功下水,成为世界上第五个拥有核潜艇的国家。

核潜艇出现在20世纪50年代初。1958年,我国启动核动力潜艇工程项目,1965年8月,我国第一代核潜艇正式开始研制。

没有电脑,仅有一台手摇计算器,靠拉计算尺、打算盘,1970年8月30日,核潜艇陆上模式堆实现了满功率运行。之后仅仅四个月,1970年12月26日,我国自主研制的第一艘核潜艇成功下水。艇上零部件有4.6万个,需要的材料多达1300多种,全部自主研制,没有用国外一颗螺丝钉。

第一颗人造卫星"东方红一号"发射成功

东方红一号（代号：DFH-1），是20世纪70年代初中国发射的第一颗人造地球卫星。

东方红一号卫星于1958年提出设想计划，1965年开始研制工作，于1970年4月24日在酒泉卫星发射中心成功发射。东方红一号卫星重173千克，由长征一号运载火箭送入近地点441千米、远地点2368千米、倾角68.44度的椭圆轨道，进行了轨道测控和《东方红》乐曲的播送。东方红一号卫星共工作28天（设计寿命20天）。卫星于5月14日停止发射信号。东方红一号卫星仍在空间轨道上运行。

东方红一号发射成功，开创了中国航天史的新纪元，使中国成为继苏、美、法、日之后世界上第五个独立研制并发射人造地球卫星的国家。

"实践一号"发射成功

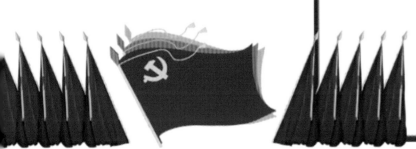

实践一号卫星,是中国"实践"系列科学探测与技术试验卫星中的第一颗,同时也是中国发射的第二颗人造卫星,于1971年3月3日由长征一号运载火箭从酒泉卫星发射基地发射升空。

实践一号卫星运行轨道高度为近地点266千米,远地点1826千米,轨道倾角为69.60度,运行周期为106分钟。

实践一号卫星进行了高空磁场、X射线、宇宙射线和外热流等空间物理环境参数的测量,还进行了硅太阳能电池供电系统、主动式无源热控制系统等长寿命卫星技术的试验,它在轨成功运行了8年,为中国设计和制造长寿命卫星提供了宝贵经验。

中国光纤数字化通信新时代

1976年,中国工程院院士赵梓森,在武汉拉出了中国第一根石英光纤,开启了中国光纤数字化通信新时代。1982年,赵梓森又在武汉实现了中国的首次光纤通话。中国信息产业革命的大幕,由此揭开。

1978-2012
翻天覆地

庆祝中国共产党成立100周年
The 100th Anniversary of the Founding of
The Communist Party of China

科学技术是第一生产力

蕨类植物学家秦仁昌

1978

1978年12月至2012年10月，是中国共产党事业发展的第三阶段，即改革开放和社会主义建设发生"翻天覆地"变化的阶段。这部分展示了我国30项科技成就，重点展示科技发展对人民群众粮食、交通、通信等方面带来的深刻影响，实践证明：科学技术是第一生产力。

国蕨类植物科属的系统排列和历史来源》

"华光-Ⅰ型排版系统"实验成功

325米的气象铁塔正式投入使用

1979

第一架国产干线客机"运10"试飞成功

"向阳红五号"海洋科学调查船赴太平洋

1980

一粒种子可以改变一个世界，一项技术能够创造一个奇迹。

——习近平

袁隆平

姓名：袁隆平
性别：男
民族：汉族
出生地：北京
籍贯：江西省九江市德安县
出生日期：1930年9月7日
逝世日期：2021年5月22日
毕业院校：西南农学院（现西南大学）
主要成就：中国杂交水稻育种专家，中国研究与发展杂交水稻的开创者，被誉为"世界杂交水稻之父"。
1995年当选中国工程院院士，1999年中国科学院北京天文台施密特CCD小行星项目组发现的一颗小行星被命名为袁隆平星，2000年获得国家最高科学技术奖，2013年获得第四届中国消除贫困奖终身成就奖，2019年获颁"共和国勋章"。
袁隆平是杂交水稻研究领域的开创者和带头人，致力于杂交水稻技术的研究、应用与推广，发明"三系法"籼型杂交水稻，成功研究出"两系法"杂交水稻，创建了超级交稻技术体系。

袁隆平是杂交水稻研究领域的开创者和带头人，
致力于杂交水稻技术的研究、应用与推广。
1973年发明"三系法"籼型杂交水稻；
1995年成功研究出"两系法"杂交水稻，创建了超级杂交稻技术体系；
2021年实现亩产超过1000公斤。

从食不果腹到吃得饱，

中国人经历的粮食生产变化离不开

被誉为"世界杂交水稻之父"的袁隆平院士及其科研团队的突出贡献。

袁隆平的梦想：一个是禾下乘凉梦，一个是杂交水稻覆盖世界梦。

袁隆平院士攻坚克难研制杂交水稻

1964年7月5日
袁隆平在试验稻田中找到一株"天然雄性不育株"，经人工授粉，结出了数百粒第一代雄性不育株种子。

1973年，第一代杂交稻
第一代杂交稻是以细胞质雄性不育系为遗传工具的三系法杂交稻。

1995年，第二代杂交水稻
以光温敏核不育系为遗传工具的两系法杂交稻开始推广。

2011年，第三代杂交水稻
袁隆平院士领衔启动研究第三代杂交水稻育种技术，利用分子生物技术，已经实现亩产超过1000公斤。

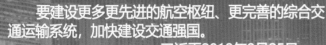
要建设更多更先进的航空枢纽、更完善的综合交通运输系统，加快建设交通强国。
——习近平2019年9月25日

20世纪50年代

自行车开始走进百姓家庭；1950年，天津自行车厂试制出新中国第一辆自行车，取名"飞鸽牌"。

(第一代飞鸽牌自行车)

自行车是高档代步工具，基本可以说是奢侈品，需要自行车票才能购买。

20世纪80年代初

20世纪90年代

自行车遍布大街小巷，成为主要代步工具，中国被称为"自行车王国"。

(井冈山摩托车)

20世纪80年代

摩托车开始进入人们的视野，1951年8月，新中国第一辆"井冈山"牌摩托车诞生了。井冈山摩托车在共和国摩托车发展史上浓墨重彩地写下了光辉的首页。

近百年来，我国交通事业发展取得了显著的成就。中华人民共和国成立初期，主要出行方式是步行。20世纪80年代初，自行车是奢侈品，需要凭票购买。随着改革开放的发展，出现了摩托车。进入新世纪，小汽车飞入千家万户。如今，和谐号、复兴号高铁实现"千里江陵一日还"。我国自主研制的民用大飞机C919成功起飞。特别值得一提的是，江西理工大学校友赖远明院士在青藏铁路修建中参与破冻土难题，创造天路奇迹；江西理工大学自主研发出永磁磁悬浮"红轨"。

1952年

蒸汽机车

7月，青岛四方机车车辆厂试制研制出新中国第一台蒸汽机车(命名为"八一"号)。

(浓烟滚滚的蒸汽机车)

20世纪90年代，公交车、出租车逐渐普及。新世纪以来，家车逐年增多，老百姓的生活"安"上了车轮。

1958年
东风牌小轿车

5月12日，我国第一辆自行设计生产的东风牌小轿车，在长春市第一汽车厂试制成功。

1958年
红旗牌轿车
8月1日试制出第一辆红旗样车。

1980年-2020年

1980年，全国共生产汽车22万辆；截止2020年六月，全国机动车保有量达3.6亿辆，机动车驾驶人达4.4亿人。

2017年
5月5日，中国首款按照最新国家适航标准研制的具有自主知识产权的干线民用飞机C919中型客机成功完成首飞。

（马达轰鸣的内燃机车）
内燃机车

中国第一台自己制造的东风型内燃机车由大连机车车辆工厂试制成功。

1958年
电力机车

12月28日，中国第一台干线铁路电力机车由株洲电力机车工厂试制成功，命名为6Y1型。

（功能强劲的电力机车）

2007年

和谐号

4月18日，时速可达每小时200千米的"和谐号"动车组D460次列车从铁路上海站出发驶往苏州。"千里江陵一日还"开始成为现实。

2017年
复兴号

6月26日，中国标准动车组"复兴号"，在京沪高铁正式双向首发，是目前世界上运营时速最高的高铁列车。

写信——见字如面

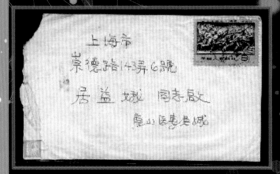

上海市
崇德路143弄6号

居益娥 闵春启

鲁山医署启城

电报

电报是一种最早用电来传递信息的、可靠的即时远距离通信方式。

固定电话

1982年，中国第一部万门程控电话交换机在福州启用。

（老式的纵横制机房）

　　通信技术的升级换代深刻改变着我们的生活。写信是传统的通信方式。改革开放前，电报一字千金，拨打固定电话也不是一件容易的事。随后，出现了别在腰间滴滴响的BP机、砖头一样的大哥大。进入新世纪，进入信息社会，我国移动通信从1G空白、2G跟随、3G突破、4G并跑，到如今迎来5G领先发展的元年，通信技术不断革新。

寻呼机

1983年上海开通第一家寻呼台，BP机进入中国，专业名词是无线电叫人业务。

大哥大——移动电话时代

1987年，大哥大的出现，意味着中国进入了移动通信时代。

1987年，广东率先建设了900MHZ模拟移动电话，全国首个模拟蜂窝移动电话基站——广州移动西德盛基站建成，给我国移动通信的发展画上了一个起点。

数字移动电话

1993年9月19日，我国第一个数字移动电话GSM网在浙江省嘉兴市开通。

5G

2019年1月24日，华为发布了迄今最强大的5G基带芯片Balong。

5G与工业互联网的融合将加速数字中国、智慧社会建设，加速中国新型工业化进程，为中国经济发展注入新动能。

——习近平2020年11月20日

能手机

以iPhone手机和安卓手机为代表的智能手机迅速崛起，彻底改变了人们的通信方式，屏幕大、速度快的触摸屏智能手机彻底改变了我们的生活。

1978年，蕨类植物学家秦仁昌在《植物分类学报》第16卷发表的《中国蕨类植物科属的系统排列和历史来源》，建立了中国蕨类植物分类的新系统。

　　1979年7月，我国自主研发的"华光-Ⅰ型排版系统"实验成功。

　　1985年5月，"华光-Ⅱ型计算机-激光汉字编辑排版系统"通过国家经委主持的国家级鉴定和新华社用户验收，成为我国第一个实用照排系统。它也标志着排版系统正式迈出实验室，从而走上了实用化道路。

　　1979年8月23日，中国科学院大气物理所在北京北郊新建的高达325米的气象铁塔正式投入使用。它的高度在当时仅次于美国的两座铁塔，是亚洲最高的专用气象铁塔。

向阳红五号海洋考察

1979年

1980年9月，我国自主研制的第一架国产干线客机"运10"试飞成功。

1980年5月，"向阳红五号"海洋科学调查船赴太平洋执行任务，研究厄尔尼诺现象，为我国海洋事业、国防建设和海洋国际合作作出贡献。

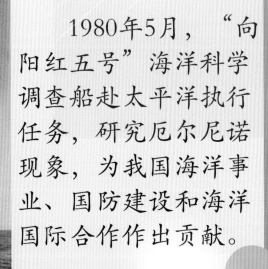

1980年

1981年11月20日，中国科学工作者完成了人工合成酵母丙氨酸转移核糖核酸。这是世界上首次用人工方法合成具有与天然分子相同的化学结构和完整生物活性的核糖核酸。

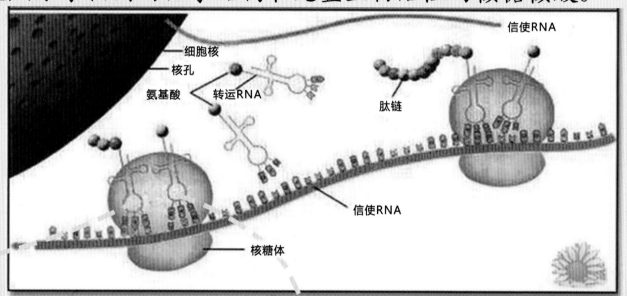

● 中国科学院上海硅酸盐研究所于1982年开始进行BGO晶体研究，1983年年初在实验室研制出大尺寸BGO晶体，并确定了生产技术路线和方法。

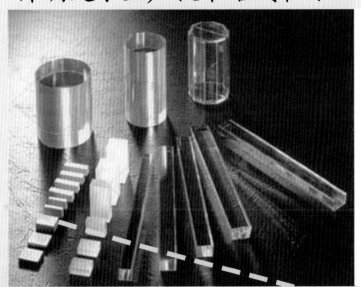

锗酸铋晶体（BGO）

产品介绍：BGO是一种闪烁晶体，无色透明。当一定能量的电子、γ射线或重带电粒子进入BGO时，它能发出蓝绿色的荧光，记录荧光的强度和位置，进而就能计算出入射电子、γ射线等的能量和位置。这就是BGO的"眼睛"作用，即可用作高能粒子的"探测器"。

1984年5月，广州市用150MHz频段开通了中国第一个数字寻呼系统。

1987年11月，广州市建立了中国第一个移动电话局。

1984年

1987年

1984年，侯先光发现距今已5.3亿年的澄江化石群，这是一个研究地球早期生命演化的动物化石库，是目前发现的世界上分布最集中、保存最完整、种类最丰富的早寒武纪地球生命现象的纪录，被学术界誉为"世界古生物圣地"。2012年，列入世界自然遗产名录。

1984年，金属研究所研究人员在郭可信领导下，首次独立发现一种新准晶相——钛镍准晶。该成果获国家自然科学一等奖，为物质微观结构的研究增添了新的内容，为新材料的发展开拓了新的领域。

1986年10月，国家种质库在中国农业科学院作物品种资源研究所落成。

国家种质库是全国作物种质资源长期保存与研究中心,由试验区、种子入库前处理操作区、保存区三部分组成。

1987年

1987年9月14日，北京计算机应用技术研究所建成了我国第一个Internet电子邮件节点，连通了Internet的电子邮件系统，并向德国成功发送了第一封电子邮件，揭开了中国人使用互联网的序幕。

1986年

1988年10月，由中国科学院高能物理研究所建造的北京负电子对撞机（BEPC）首次实现正负电子对撞，宣告建造成功。

1988年

1991年11月,我国第一台拥完全自主知识产权的大型数字控交换机——HJD04机在邮电洛阳电话设备厂诞生。D04大数字程控交换机的研制成功,破了西方世界所谓的"中国自造不出大容量程控交换机"的言。

1991年

1992年，我国研制成功对治疗甲肝和乙肝有特殊疗效的合成人工干扰素等一批基因工程药品，如重组人干扰素α-2b注射液，其主要作用是对慢性乙型肝炎的抗病毒治疗。

HJD04（04机）

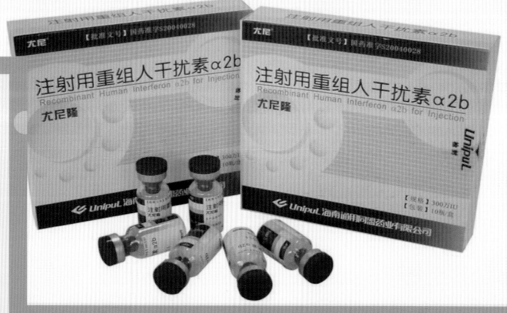

1992年

1994年4月，通过美国Sprint公司的一条64K国际专线，中关村地区教育与科研示范网络（NCFC）工程完成了与国际互联网的全功能IP连接。

　　至此，中国正式成为真正拥有全功能Internet的国家。

1994年

1995年

1995年研
制成功两系杂
交水稻,1997年
提出超级杂交
稻育种技术路
线。

1996年8月，中国
科学院近代物理研究
所和高能物理研究所
合作，在世界上首次
合成并鉴别出新核素
镭-235，使中国新核
素合成与研究进入另
一个重要核区，即超
铀缺中子区。

1996年

1999年11月20日，神舟一号飞船升空。神舟一号飞船是我国载人航天计划中发射的第一艘无人实验飞船，其顺利升空标志着我国载人航天技术获得了新的突破。

1999年

2002年8月，"龙芯1号"研发成功。中国科学院计算技术研究所成功研制出我国首枚高性能通用微处理芯片"龙芯1号"CPU，改变了我国信息产业无"芯"的历史。

2004年10月1日，西气东输工程全线建成投产。它是中国西部大开发标志性工程，于2002年7月4日全线开工。管道全长4000km，是我国自行设计、建设的第一条世界级长距离、大口径、高压力输气管道。

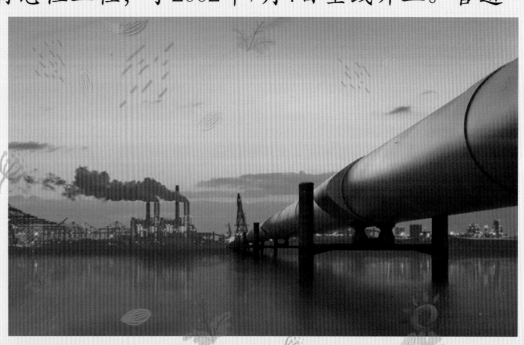

神州龙芯

Godson-1™

er:C-01

2004年

2005年

2005年8月中国数字人男1号研制成功。它是在电脑里合成的三维人体详细结构，在医学、航天、航空、影视制作乃至军事等领域都有着广泛的应用价值。

2006年7月1日，世界上海拔最高、线路最长的高原铁路——青藏铁路全线通车。青藏铁路的建成通车，对于青藏两省区加快经济社会发展、改善各族群众生活，增进民族团结和巩固祖国边防，都具有十分重大的意义。

2006年

2008年3月，中国科技大学陈仙辉研究组和中国科学院物理所王楠林研究组同时在铁基中观测到了43K和41K的超导转变温度，突破了麦克米兰极限，证明了铁基超导体是高温超导体。

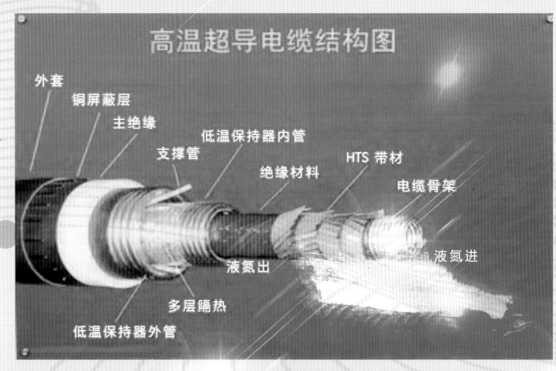

高温超导电缆结构图

外套
铜屏蔽层
主绝缘
支撑管
低温保持器内管
绝缘材料
HTS 带材
电缆骨架
液氮出
液氮进
多层隔热
低温保持器外管

2008年

2009年,世界上首个全超导非圆截面托卡马克核聚变实验装置(EAST)首轮物理放电实验取得成功,标志着我国站在了世界核聚变研究的前端。

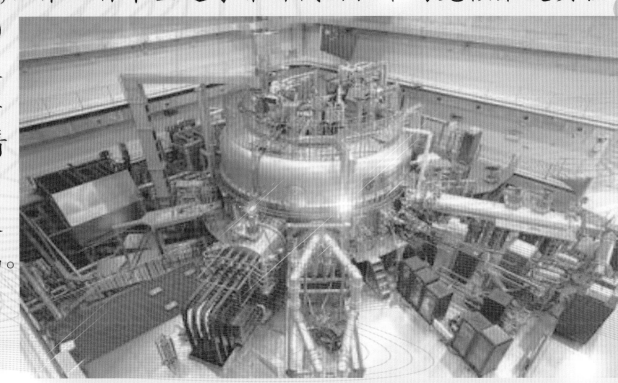

2009年9月，我国甲型H1N1流感疫苗全球首次获批成功。

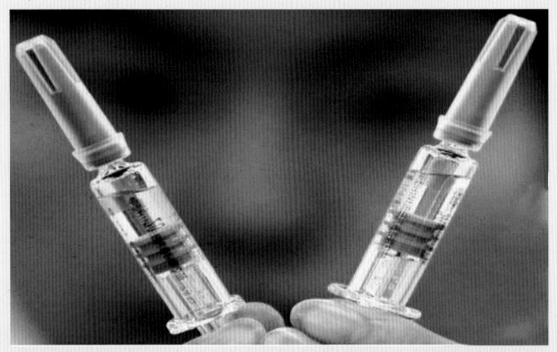

2011年

2011年，深部探测专项开启地学新时代——地壳一号。

"地壳一号"是由吉林大学自主研发设计的万米大陆科学钻机，在四川制造成功，标志着深部探测专项取得又一个里程碑式进展。

2011年，由华中科技大学史玉升科研团队研制成功的世界最大激光快速制造装备问世，使我国在快速制造领域达到世界领先水平。

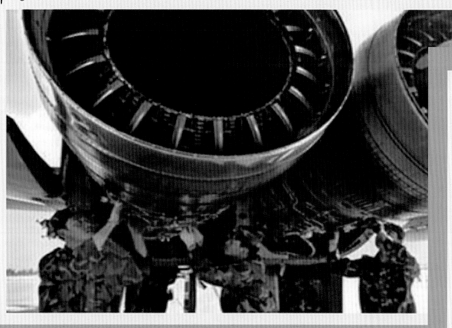

2011年

2011年，我国首个空间实验室——"天宫一号"目标飞行器成功发射。

世界最大单机容量核能发电机研制成功。2012年8月24日上午，目前世界最大单机容量核能发电机——台山核电站1号1750兆瓦核能发电机完成制造。台山核电站是我国首座、世界第三座采用EPR三代核电技术建设的大型商用核电站。

2012年

2012年至今，是中国共产党事业发展的第四阶段，即中国特色社会主义新时代，是中国共产党进入"新时代"阶段。这期间展示了我国40项科技成就，重点讲述"上天"、"入地""下海"等方面的成就，"上天"讲述神舟系列、嫦娥系列、天问一号等发展历程；"入地"讲述我国向地球深部进军；"入海"讲述了从"蛟龙号""深海勇士"到"奋斗者号"实现载人万米深潜的科技成就，弘扬了上天入地下海的不懈探索精神。

港珠澳大桥

新时代阶段

不忘初心
牢记使命
砥砺前行
方得始终

98

星空浩瀚无比，探索永无止境，只有不断创新，中华民族才能更好走向未来。

——习近平2016年12月20日

载人航天工程

2003年，我国第一艘载人飞船"神舟五号"发射成功，中国人的飞天梦想终成现实，由此拉开了中国人探索太空的序幕。先后突破掌握天地往返、空间出舱、交会对接、航天员中期驻留等核心关键技术，取得了举世瞩目的辉煌成就；2007年实现嫦娥奔月，我国在探月工程取得巨大成就的基础上，继续向深空探测领域进军，并于2020年实现首次火星探测任务，并不断向更远的深空迈进。

2002年
● 神舟二号
四号，相

99

问鼎苍穹

2003年

- 神舟五号发射升空
- 杨利伟成为中国执行首次载人航天飞行任务的宇航员

舟三号和神舟
射试验成功

嫦娥工程

2004年

- 中国探月工程正式立项
- 在国务院正式批准绕月探测工程立项后，工程领导小组便将其命名为"嫦娥工程"，并将第一颗绕月卫星命名为"嫦娥一号"。

2014年

2014年10月24日2时，"嫦娥五号T1"试验器"小飞"在西昌卫星发射中心发射升空。

- 完成探月工程三期再入返回飞行试验；
- 验证"跳跃式"再入返回技术、验证"鹊桥"中继星的轨道技术；
- 获取"嫦娥五号"采样区高分辨率图像，为"嫦娥五号"采样返回提供支持；
- 再入返回舱于2014年11月1日降落在预定区域，由原西安卫星测控中心着陆场站成功回收。

2020年

2020年12月17日1时59分，嫦娥五号返回器携带月球样品在内蒙古四子王旗预定区域安全着陆，探月工程嫦娥五号任务取得圆满成功。

2018年

2018年5月21日中继星"鹊桥"在射升空。

- 为在月球背面陆器和月球车

2018年12月8日在西昌卫星发射中

- 嫦娥四号探测近月制动、环首次月球背面

火星探测

28分，"嫦娥四号"
卫星发射中心发

陆的"嫦娥四号"着
地月中继通信支持；

23分，"嫦娥四号"
射。

续将经历地月转移、
行，最终实现人类
陆。

2021年

2021年2月5日，公布了
"天问一号"传回的首幅火
星图像。

2021年5月15日，我国首次
火星探测任务着陆火星取得成功。

2020年

2020年7月23日，中国首次火星探测
任务"天问一号"发射升空。

ンンン 深部探测叩启

向地球深部进军是我们必须解决的战略科技问题。

——习近平2016年5月30日全国科技创新大会

科钻一井

2001年中国大陆科学钻探工程第一口井CCSD -1号井（简称科钻一井）在江苏省连云港市东海县开钻。

"海洋石油981"

2012年5月，南海海具有世界先进水平的3000式钻井平台——"海洋石平台正式开钻。

松科一井

2007年10月，中国白垩纪大陆科学钻探工程——松科一井的钻探工作在我国松辽盆地北部完成。

球

"地球之门" ‹‹‹

国首座
水半潜
"钻井

2016年，习近平总书记提出"向地球深部进军是我们必须解决的战略科技问题"，把地质科技创新提升到关系国家科技发展大局的战略高度。

松科二井

2014年4月13日，松科二井开钻，2018年5月26日完井，成为亚洲国家实施的最深大陆科学钻井。

地壳一号

人物故事

- 吉林大学黄大年团队从2009年开始研发"地壳一号"。
- 2018年，"地壳一号"万米钻机完钻井深7018米，标志着我国在"向地球深部进军"的道路上又迈出了坚实的一步。

深7018米，刷新了我国大陆科学钻探的

"的道路上又迈出了坚实的一步。

黄大年

习近平总书记对黄大年的先进事迹作出重要指示：黄大年同志秉承科技报国理想，把为祖国富强、民族振兴、人民幸福贡献力量作为毕生追求，为我国教育科研事业作出了突出贡献，他的先进事迹感人肺腑。

黄大年（1958年8月28日—2017年1月8日）男，广西南宁人，汉族。曾经任吉林大学地球探测科学与技术学院教授、博导，长期从事海洋和航空移动平台探测技术研究工作，探测地下油气和矿产资源以及地下和水下军事目标。

2017年1月8日13时38分，因病医治无效在长春与世长辞，享年58岁。

中国载人深潜事业发展历程

1986

2010

300米

3759米

7062米

10909米

蛟龙

深海遨游

从1986年下潜300米，到2012年"蛟龙号"下潜7062米，2020年11月，中国奋斗者号载人潜水器在马里亚纳海沟成功坐底，坐底深度10909米，创造了中国载人深潜新纪录。"奋斗者"号载人潜水器是我国自主设计、自主集成的载人潜水器，实现了中国人"五洋捉鳖"的伟大梦想。

2016

1971年，开始研制中国第一艘载人潜水器7103救生艇。

1971

1986

1986年 中国第一艘载人潜水器——7103救生艇研制成功，能下潜300米，航速有四节，是那个年代最先进的救援型载人潜水器。

2010

2016

2010年7月，中国第一台自主设计和集成研制的载人潜水器"蛟龙"号下潜深度达到了3759米，中国成为继美、法、俄、日之后，世界上第五个掌握3500米大深度载人深潜技术的国家。

习近平致"奋斗者"号全海深载人潜水器成功完成万米海试并胜利返航的贺信

值此"奋斗者"号全海深载人潜水器成功完成万米海试并胜利返航之际，谨向你们致以热烈的祝贺！向所有致力于深海装备研发、深渊科学研究的科研工作者致以诚挚的问候！

"奋斗者"号研制及海试的成功，标志着我国具有了进入世界海洋最深处开展科学探索和研究的能力，体现了我国在海洋高技术领域的综合实力。从"蛟龙"号、"深海勇士"号到今天的"奋斗者"号，你们以严谨科学的态度和自立自强的勇气，践行"严谨求实、团结协作、拼搏奉献、勇攀高峰"的中国载人深潜精神，为科技创新树立了典范。希望你们继续弘扬科学精神，勇攀深海科技高峰，为加快建设海洋强国、为实现中华民族伟大复兴的中国梦而努力奋斗，为人类认识、保护、开发海洋不断作出新的更大贡献！

习近平
2020年11月28日

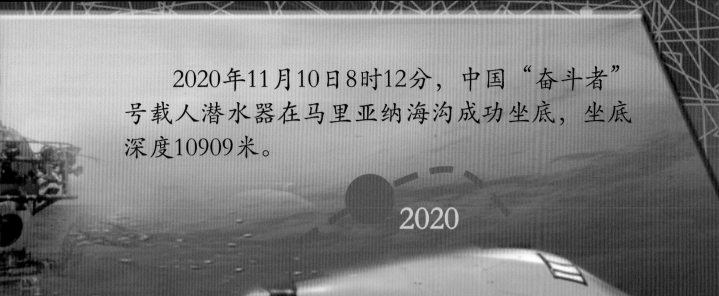

2020年11月10日8时12分，中国"奋斗者"号载人潜水器在马里亚纳海沟成功坐底，坐底深度10909米。

2020

黄旭华，1926年3月生，广东揭阳人。长期从事核潜艇研制工作，开拓了中国核潜艇的研制领域，是中国第一代核动力潜艇研制创始人之一，被誉为"中国核潜艇之父"，为中国核潜艇事业的发展做出了杰出贡献。

◈ 1994年当选为中国工程院院士

◈ 2019年9月17日，获得"共和国勋章"

◈ 2020年1月10日，获得2019年度国家最高科学技术奖

感动中国颁奖词：时代到处是惊涛骇浪，你埋下头，甘心做沉默的砥柱；一穷二白的年代，你挺起胸，成为国家最大的财富。你的人生，正如深海中的潜艇，无声，但有无穷的力量。

2013年8月，由复旦大学微电子学院张卫教授领衔团队研发的世界第一个半浮栅晶体管（SFGT）研究论文刊登于《科学》杂志，这是我国科学家首次在该权威杂志发表微电子器件领域的研究成果。该成果的研制将有助于我国掌握集成电路的核心技术，从而在国际芯片设计与制造领域内逐渐获得更多的话语权。

世界上"最轻材料"

2013年，浙江大学研制出一种被称为"全碳气凝胶"的固态材料，密度仅每立方厘米0.16毫克，是空

深紫外全固态激光器

2013年9月6日，由中科院承担的国家重大科研装备"深紫外固态激光源前沿装备研制项目"正式通过验收，使我国成为世界上唯一一个能够制造实用化、精密化深紫外全固态激光器的国家。

...密度的六分之一，也是迄今...止世界上最轻的材料。"全...炭气凝胶"可在数千次被压缩...原体积的20%之后迅速复原。...外，它还是吸油能力最强的...料之一。现有的吸油产品一...只能吸收自身质量10倍左右...有机溶剂，而"全碳气凝胶"...吸收量可高达自身质量的900...。

2013年

人源葡萄糖转运蛋白

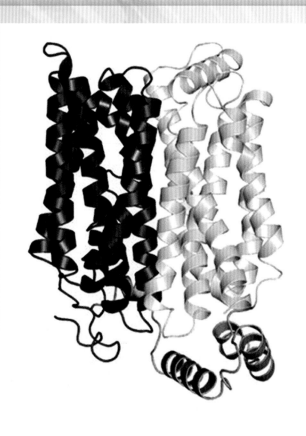

2014年清华大学医学院颜宁教授研究组在世界上首次解析了人源葡萄糖转运蛋白GLUT1的晶体结构，初步揭示了其工作机制及相关疾病的致病机理。该成果为理解其他糖转运蛋白的转运机理提供了重要的分子基础，揭示了人体内维持生命的基本物质进入细胞膜转运的过程，对于人类进一步认识生命过程具有重要的指导意义。

溪洛渡电站、向家坝电站

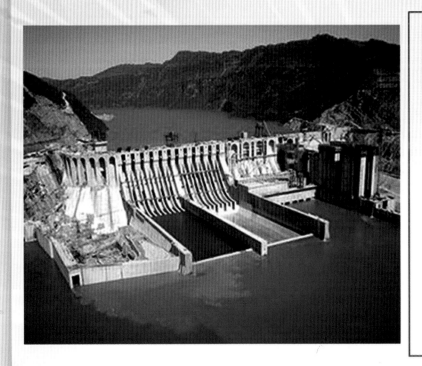

　　2014年7月10日下午4时，世界第三大水电站、中国第二大水电站溪洛渡电站，中国第三大水电站向家坝电站机组全部投产发电。溪洛渡水电站位于四川雷波县与云南永善县交界处，总装机容量1386万千瓦，年平均发电量571.2亿千瓦时。

2014年

★ 屠呦呦获

★ ★

2015
药青蒿素获
医学奖"。

青蒿素
的药物，挤
中国家数
"生命科
年10月获
奖，她成

 南水北调中线工程

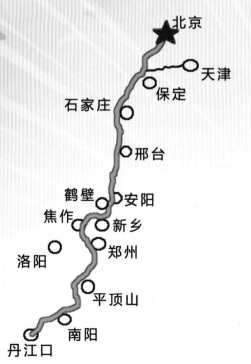

南水北调中线城市

北京
天津
保定
石家庄
邢台
鹤壁 安阳
焦作 新乡
洛阳 郑州
平顶山
南阳
丹江口

　　2014年12月，南水北调中线工程正式通水。"南水北调"即"南水北调工程"，是中华人民共和国的战略性工程，分东、中、西三条线路，东线工程起点位于江苏扬州江都水利枢纽。中线工程起点位于汉江中上游丹江口水库，供水区域为河南、河北、北京、天津四个省(市)。

诺贝尔生理学或医学奖"

屠呦呦创制新型抗疟
"诺贝尔生理学或

一种用于治疗疟疾
了全球特别是发展
人的生命。她获得
出成就奖"。2015
贝尔生理学或医学
科学类诺贝尔奖的中国人。

"悟空"发射升空

2015年12月17日8时12分，中国在酒泉卫星发射中心用长征二号丁运载火箭成功将暗物质粒子探测卫星"悟空"发射升空。

2015年

悟空号

长征二号丁运载火箭

"墨子号"

2016年8月16日1时40分，长征二号丁运载火箭成功将世界首颗量子科学实验"卫星墨子号"发射升空。这将使我国在世界上首次实现卫星和地面之间的量子通信，构建天地一体化的量子保密通信与科学实验体系。量子卫星的成功发射和在轨运行，将有助于我国在量子通信技术实用化整体水平上保持和扩大国际领先地位，实现国家信息安全和信息技术水平跨越式提升，对于推动我国空间科学卫星系列可持续发展具有重大意义。

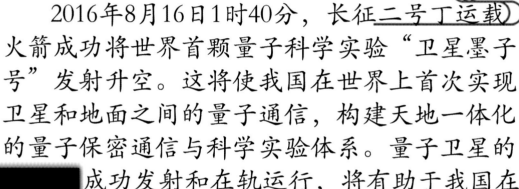

超级"天眼"

2016年，超级"天眼"——500米口径球面射电望远镜，于9月25日在贵州省平塘县的喀斯特洼坑中落成，这标志着我国在科学前沿实现了重大原创突破。该工程从预研到建成历时22年，是具有我国自主知识产权、世界最大单口径、最灵敏的射电望远镜。作为国家重大科技基础设施，"天眼"工程由主动反射面系统、馈源支撑系统、测量与控制系统、接收机与终端及观测基地等几大部分构成。

人类脑图谱

2016年6月，中国科学院自动化研究所蒋田仔团队联合国内外其他团队成功绘制出全新的人类脑图谱，在国际学术期刊《大脑皮层》上在线发表。

超快正电子源

2016年3月，中国科学院上海光学精密机械研究所利用超强超短激光，成功产生反物质——超快正电子源。

这一发现将在材料的无损探测、激光驱动正负电子对撞机、癌症诊断等领域具有重大应用。

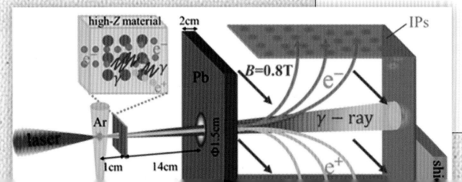

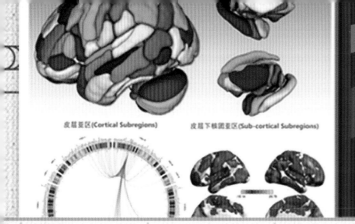

皮层亚区 (Cortical Subregions)   皮层下核团亚区 (Sub-cortical Subregions)

"振华30号"

2016年5月13日，振华重工自主建造的世界最大12000吨起重船在上海长兴岛基地交付，并在现场命名为"振华30号"。该船的成功交付进一步巩固了振华重工在巨型起重船领域的地位，为我国打捞救助事业向深海延伸提供了装备支撑。

三重简并费米子

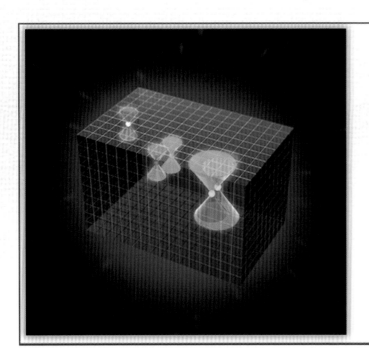

★★★★

　　2017年6月，中国科学院物理研究所科研团队首次发现突破传统分类的新型费米子——三重简并费米子，为固体材料中电子拓扑态研究开辟了新的方向。

　　这一研究成果对促进人们认识电子拓扑物态、发现新奇物理现象、开发新型电子器件以及深入理解基本粒子性质都具有重要的意义。

"复兴号"双向首发

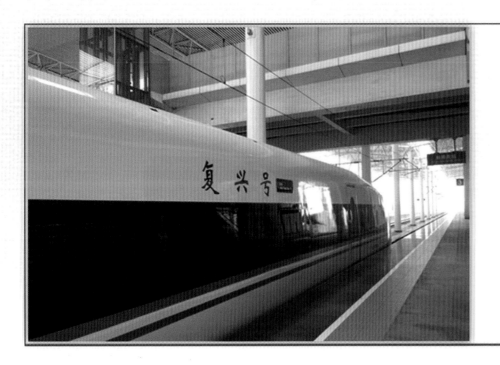

2017年6月25日，中国标准动车组被正式命名为"复兴号"，于26日在京沪高铁正式双向首发。

复兴号动车组列车，是由中国铁路总公司牵头组织研制、具有完全自主知识产权、达到世界先进水平的动车组列车，它是目前世界上运营时速最高的高铁列车。

2017年

"天鲲号"

完整活性染色体

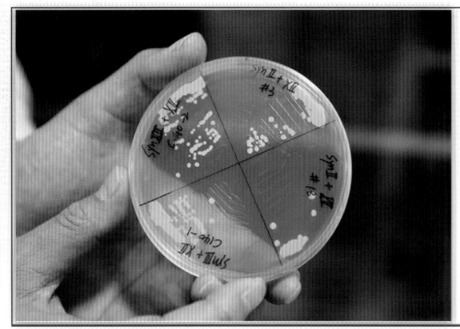

2017年,我国科学家利用化学物质合成了4条人工设计的酿酒酵母染色体,标志着人类向"再造生命"又迈进一大步,我国也成为继美国之后第二个具备真核基因组设计与构建能力的国家。我国科学家此次成功合成的4条酿酒酵母染色体,占SC2.0计划已经合成染色体的2/3。

2017年，亚洲最大绞吸挖泥"天鲲号"在江苏启东下水。是我国第一艘拥有完全自主知产权的自航绞吸式挖泥船，也我国第一艘全电力驱动的自航吸式挖泥船。

C919首飞

2017年5月5日14时，国产大型客机在上海浦东国际机场首飞。C919拥有完全自主知识产权，是建设创新型国家的标志性工程，凝聚了国内最优秀的设计人才和工程人才，针对先进的气动布局、结构材料和机载系统，研制人员共规划了102项关键技术攻关，包括飞机发动机一体化设计、电传飞控系统控制律设计、主动控制技术等。

"深海一号"

2018年12月8日，中船□集团为中国大洋矿产资□协会打造的"深海一号"□利下水。

这是我国自主研制□人潜水器支持母船。"□船长90.2米，型宽16.8□水量4500吨，续航力超□自持力达到60天，可在□区执行下潜作业。

"中中"和"华华"

2018年1月25日，克隆猴"中中"和"华华"登上《细胞》杂志封面，这意味着我国科学家成功突破了现有技术无法克隆灵长类动物的世界难题。这意味着中国将率先建立起可有效模拟人类疾病的动物模型。未来培育大批遗传背景相同的模型猴，这既能满足脑疾病和脑高级认知功能研究的迫切需要,又可广泛应用于新药测试。

工武船
究开发
武汉顺

一艘载
一号"
计排
000海里，
无限航

SHEN HAI YI HAO
深海一号

"天河三号"

2018年5月17日，国家超算天津中心对外展示了我国新一代百亿亿次超级计算机"天河三号"原型机，这也是该原型机首次正式对外亮相。据了解，百亿亿次超级计算机也称"E级超算"，被全世界公认为"超级计算机界的下一顶皇冠"，它将在解决人类共同面临的能源危机、污染和气候变化等重大问题上发挥巨大作用。

天河

"鲲龙" AG600

2018年10月20日，国产大型水陆两栖飞机"鲲龙" AG600在湖北荆门漳河机场成功实现水上首飞起降。

AG600飞机具有执行森林灭火、水上救援、海洋环境监测与保护等多项特种任务的能力，是国家应急救援重大航空装备，对于填补我国应急救援航空器空白、满足国家应急救援和自然灾害防治体系能力建设需要具有里程碑意义。

港珠澳大桥

2018年10月24日，全球最长跨海大桥——港珠澳大桥正式通车运营。港珠澳大桥跨越伶仃洋，东接香港特别行政区，西接广东省珠海市和澳门特别行政区，全长55公里，使用寿命120年，抗16级台风、8级地震，是在"一国两制"框架下、粤港澳三跨海交通工程。

如今，港珠澳大桥正式通车运营，让珠珠三角的地理格局，香港将获得更广阔的珠

次合作建设的超大型

天堑变通途，改变了
岸腹地。

超分辨光刻装备

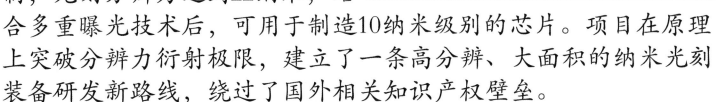

2018年11月29日，国家重大科研装备研制项目"超分辨光刻装备研制"通过验收，这是我国成功研制出的世界首台分辨力最高紫外超分辨光刻装备。该光刻机由中国科学院光电技术研究所研制，光刻分辨力达到22纳米，结合多重曝光技术后，可用于制造10纳米级别的芯片。项目在原理上突破分辨力衍射极限，建立了一条高分辨、大面积的纳米光刻装备研发新路线，绕过了国外相关知识产权壁垒。

2019年

北京大兴国际机场

北
位于中
和河北
为4F级
级航空
新动力
26日开
机场航

麒麟990芯片

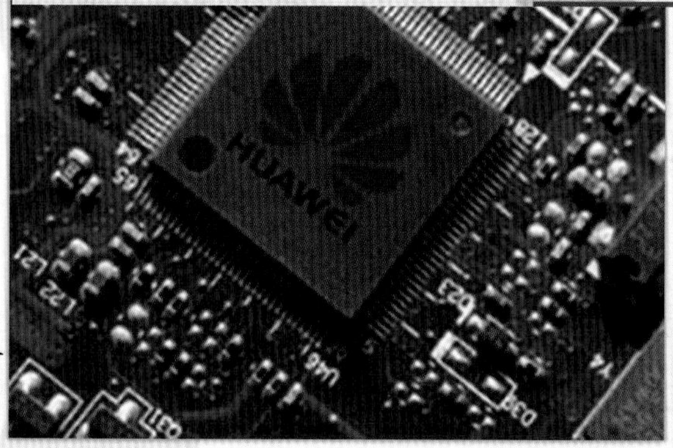

2019年9月6日，华为在IFA（德国柏林消费电子展）上正式发布旗舰级芯片：麒麟990系列，这款芯片是首款支持NSA/SA架构和双TDD/FDD全波段，是业界第一款全网通5G SOC。这标志着，华为在5G和端侧AI两大领域同时实现了全球引领。

兴国际机场，
京市大兴区
坊市交界处，
机场、世界
、国家发展
2014年12月
设，2019年10月27日，北京大兴国际
岸正式对外开放。

山东舰

2019年12月17日，
山东舰在海南三亚某
军港交付海军。

经中央军委批准，
我国第一艘国产航母
命名为"中国人民解放军海军山东舰"，舷号为
"17"，是中国真正意义上的第一艘国产航空母舰。

2019年

最大恒星级黑洞

太阳系外行星候选体

2019年5月29日，中国南极巡天望远镜AST3首次批量发现太阳系外行星候选体。

这项工作，是国际上首次在无人值守的南极地区成功地进行系外行星搜寻，也是国内第一次利用自己的设备批量发现系外行星候选体。

2019年，中国科学院国家天文台刘继峰、朱昊彤研究团队发现了一颗迄今最大恒星级黑洞，并提供了一种利用LAMOST巡天优势寻找黑洞的新方法。这颗70倍太阳质量的黑洞远超理论预言的质量上限，有望推动恒星演化和黑洞形成理论的革新。

新型类脑芯片

2019年8月1日，新型类脑芯片被开发——全球首款异构融合类脑计算芯片，该芯片结合了类脑计算和基于计算机的机器学习，被命名为"天机芯"。

无人潜水器和载人

水平井钻采深海可燃冰

★★★

　　2020年3月26日，自然资源部透露，我国海域天然气水合物第二轮试采成功，并超额完成目标任务。天然气水合物通常称为可燃冰，在水深1225米的南海神狐海域的试采创造了"产气总量86.14万立方米、日均产气量2.87万立方米"两项新世界纪录。我国也成为全球首个采用水平井钻采技术试采海域天然气水合物的国家。

水器

2020年

2020年6月8日，"海斗一号"全海深自主遥控
水器在马里亚纳海沟实现近海底自主航行探测
坐底作业，最大下潜深度10907米，填补了我国
米级作业型无人潜水器的空白。

2020年11月28日，"奋斗者"号全海深载人潜
器在马里亚纳海沟成功坐底，创造了10909米的
国载人深潜新纪录，标志着我国在大深度载人
潜领域达到世界领先水平。

北斗全球系统星座部署

2020年6月23日9时43分，我国在西昌卫
星发射中心用长征三号乙运载火箭，成功发
射北斗系统第五十五颗导航卫星暨北斗三号
最后一颗全球组网卫星。这是长征系列运载
火箭的第336次飞行。在测控、地面运控、星
间链路运管、应用验证等系统的强有力支撑
下，此前发射的所有在轨卫星都已入网。北
斗三号全球卫星导航系统星座部署全面完成。

首次地外天体采样

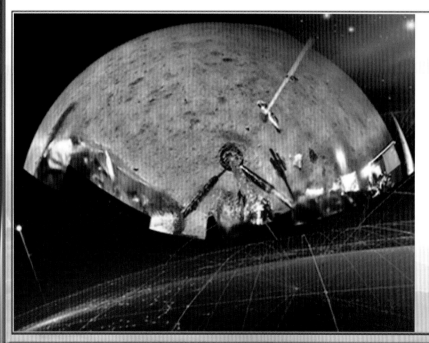

2020年11月24日4时30分，我国成功发射探月工程嫦娥五号探测器。完成月壤取样后，嫦娥五号上升器于12月3日从月面起飞，嫦娥五号返回器于12月17日1时59分在内蒙古四子王旗预定区域成功着陆，标志着我国首次地外天体采样返回任务圆满完成。

小麦"癌症"克星

★★★

　　小麦赤霉病，是世界范围内极具毁灭性且防治困难的真菌病害，有小麦"癌症"之称。山东农业大学孔令让团队从小麦近缘植物长穗偃麦草中首次克隆出抗赤霉病主效基因FHB7，且成功将其转移至小麦品种中，首次明确并验证了其在小麦抗病育种中不仅具有稳定的赤霉病抗性，而且具有广谱的解毒功能。该成果为解锁赤霉病这一世界性难题找到了"金钥匙"。

新冠疫苗

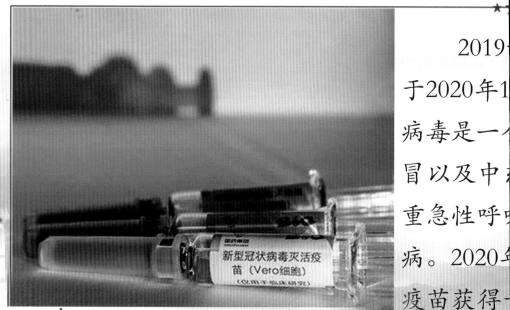

新型冠状病毒灭活疫苗
（Vero细胞）

2019
于2020年1
病毒是一
冒以及中
重急性呼
病。2020
疫苗获得

"量子计算优越性"

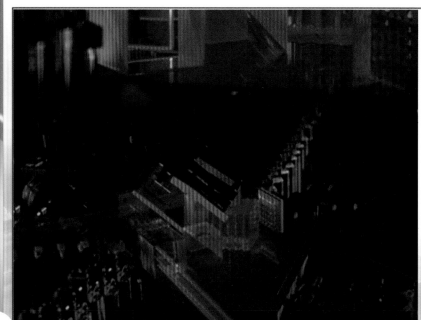

2020年，中国科学家团队构建了76个光子的量子计算原型机"九章"，实现了具有实用前景的"高斯玻色取样"任务的快速求解，使得我国成功达到量子计算研究的首个里程碑——量子计算优越性，为实现可解决具有重大实用价值问题的规模化量子模拟机奠定技术基础。

冠状病毒（2019-nCoV），世界卫生组织命名。冠状型病毒家族，已知可引起感吸综合征（MERS）和严合征（SARS）等较严重疾16日，陈薇院士团队新冠。

2020年

天问一号

★★★

2020年4月24日，中国行星探测任务被命名为"天问系列"，首次火星探测任务被命名为"天问一号"。按照计划，"天问一号"火星探测任务要一次性完成"绕、落、巡"三大任务，这也标志着我国行星探测的大幕正式拉开。2020年7月23日，天问一号探测器在中国文昌航天发射场发射升空。

国和一号

"人造太阳"

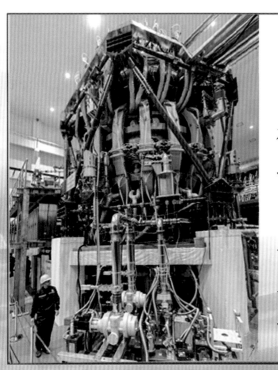

2020年12月4日，我国新一代可控核聚变研究装置"中国环流器二号M"（HL-2M）在成都正式建成放电，标志着我国正式跨入全球可控核聚变研究前列，HL-2M将进一步加快人类探索未来能源的步伐。

该装置是我国目前规模最大、参数最高的先进托卡马克装置，是我国新一代先进磁约束核聚变实验研究装置，能实现高密度、高比压、高自举电流运行，是实现我国核聚变能开发事业跨越式发展的重要依托装置。

　　2020年9月28日，中国具有完全自主知识产权的三代核电技术"国和一号"完成研发。

　　"国和一号"代表着当今世界三代核电技术的先进水平，是中核电技术研发和产业创新的最新成果，采用"非能动"安全设计理念，单机功率达到150万千瓦。

2020年

结　语

　　胸怀千秋伟业，恰是百年风华。过去的一百年，是中国共产党矢志践行初心使命的一百年，是中国共产党筚路蓝缕奠基立业的一百年，也是中国共产党创造辉煌开辟未来的一百年。从开天辟地到改天换地，从翻天覆地到进入新时代，在中国共产党的领导下，我国的科技发展取得了举世瞩目的成就，中华民族从此站起来，富起来，强起来了。

　　百年科技成就历史经验告诉我们，只有在中国共产党的坚强领导下，中华民族才能从一个胜利走向另一个胜利。

　　广大党员冲锋在前，不计个人得失，身先士卒，不怕牺牲，在各项事业中勇当火车头，带领各项事业前进。

　　中华儿女团结一致，在无限的荣光岁月中，前赴后继，创造出辉煌历史。

　　在中国共产党的坚强领导下，坚定走中国特色社会主义道路；在党发展的丰硕理论成果、积累的宝贵经验、铸就的伟大精神指引下，在中华民族五千年丰富的文化底蕴滋养下，中华民族的科技事业一定会攀上世界之巅，中华民族伟大复兴的中国梦必定会实现。

后 记

  本画册是江西理工大学软件工程学院虚拟现实团队围绕建党百年科技发展做的一个虚拟展厅训练项目，项目主题为：建党百年科技成就VR馆。将建党百年来的科技成就作为虚拟展馆的主要梳理对象，以时间为线，串起一百个代表性的科技相关事件，在此基础上重点讲述各阶段代表性的事迹、人物，用历史经验与事实表达主旨思想，即：中国共产党的正确领导；广大党员的无私奉献，人民群众的不怕牺牲；实现中华民族伟大复兴的中国梦。

  本画册在出版前，我们通过多种渠道与所涉素材（包括照片、视频、音频）的作者进行了联系，得到了他们的大力支持。对此，我们表示中心的感谢！但仍有部分素材作者未能取得联系，恳请入选素材的作者与我们联系，以便支付合理稿酬。